AF614588

ISBN 978-3-662-23448-8 ISBN 978-3-662-25502-5 (eBook)
DOI 10.1007/978-3-662-25502-5

Die in den Sitzungsberichten Abtlg. I und Abtlg. IIa der math.-nat. Klasse der Österr. Ak. d. Wiss. erscheinenden Abhandlungen werden auch einzeln abgegeben. Sie können durch jede Buchhandlung oder direkt durch die Auslieferungsstelle der Österreichischen Akademie der Wissenschaften (Wien I, Singerstraße 12) bezogen werden.

Nachfolgende Abhandlungen aus dem Fach der **Zoologie** sind erschienen:

1957 (S I Bd. 166):

Kühnelt W.: Weiß als Strukturfarbe bei Wüstentenebrioniden (mit einem Beitrag von C. Koch, Pretoria) (mit 1 Tafel). S 8.60

Starmühlner F.: Ergebnisse der Österreichischen Island-Expedition 1955. Zur Individuendichte und Formänderung von Lymnaea peregra Müller in isländischen Thermalbiotopen (mit 7 Textabbildungen und 2 Tafeln). S 46.80

Starmühlner F.: Ergebnisse der Österreichischen Iran-Expedition 1949/50. Beiträge zur Kenntnis der Molluskenfauna des Iran, und Edlauer A.: Konchyliologische Bestimmungen und Beschreibungen (mit 17 Textabbildungen, 3 Tafeln und 1 Beilage).

Tollmann A.: Die Mikrofauna des Burdigal von Eggenburg (Niederösterreich) (mit 2 Textabbildungen. 7 Tafeln und 2 Tabellen). S 45.90

Wettstein O.: Nachtrag zu meiner Herpetologia aegaea (mit 2 Textabbildungen und 8 Tafeln). S 56.60

1958 (SI Bd. 167):

Amsel Hans Georg: Ergebnisse der Österreichischen Iran-Expedition 1949/50. Lepidoptera II. (Microlepidoptera) (mit 1 Tafel und 7 Textabbildungen). S 12.60

Beier Max, Reimoser E. und Kritscher E.: Zoologische Studien in West-Griechenland. VII. Teil Araneae. S 5.70

Beier Max und Scheerpeltz Otto: Zoologische Studien in West-Griechenland. VIII. Staphylinidae (Col.) (mit 1 Textabbildung). S 48.30

Brehm V.: Bemerkungen zu einigen Kopepoden Südamerikas (mit 5 Textabbildungen). S 25.60

Brehm V.: Die systematischen Verhältnisse bei Notodiaptomus Anisitsi Daday und perelegans Wright (mit 4 Textabbildungen). S 10.50

Löffler Heinz: Die Klimatypen des holomiktischen Sees und ihre Bedeutung für zoogeographische Fragen (mit 1 Textabbildung und 1 Beilage). S 27.30

Mihelčič Franz: Zoologisch-systematische Ergebnisse der Studienreise von H. Janetschek und W. Steiner in die spanische Sierra Nevada 1954, IX. Milben (Acarina) (mit 10 Textabbildungen). S 21.60

Nemenz Harald: Beitrag zur Kenntnis der Spinnenfauna des Seewinkels (Burgenland, Österreich) (mit 3 Textabbildungen). S 27.30

Reisser Hans: Ergebnisse der Österreichischen Iran-Expedition 1949/50. Lepidoptera I. (Macrolepidoptera) (mit 44 Abbildungen auf 9 Tafeln und 1 Karte). S 57.70

Scheminzky F. und Stipperger H.: Über die Fluoreszenz der Eihäute beim Weberknecht Gyas annulatus (mit 1 Textabbildung und 1 Tafel). S 8.10

Schuster Reinhart: Beitrag zur Kenntnis der Milbenfauna (Oribatei) in pannonischen Trockenböden (mit 4 Textabbildungen). S 12.60

Viets O. Kurt: Wassermilben aus der Schwechat (Wienerwald) (mit 20 Textabbildungen). S 19.80

1959 (S I Bd. 168):

Baumgartner-Gamauf Margaretha: Einige ufer- und wasserbewohnende Collembolen des Seewinkels S 5.80

Beier Max und Wagner W.: Zoologische Studien in Westgriechenland. IX. Teil. Homoptera (mit 63 Textabbildungen). S 22.60

Brehm V.: Bemerkungen zu einigen Kopepoden Südamerikas (mit 25 Textabbildungen). S 25.90

Brehm V.: Contribution à l'étude de faune d'Afghanistan Nr.17 (mit 12 Textabbildungen). S 18.90

Eiselt Josef: Entomolepis adriae n. sp., ein Beitrag zur Kenntnis der kaum bekannten Gattungen siphonostomer Cyclopoiden: Entomolepis, Lepeopsyllus und Parmulodes (Copepoda, Crust.) (mit 4 Textabbildungen). S 19.10

Löffler Heinz: Zur Limnologie. Entomostraken- und Rotatorienfauna des Seewinkelgebietes (Burgenland Österreich) (mit 5 Textabbildungen und 4 Tafeln). S 60.20

Remaudière Georges: Zoologisch-systematische Ergebnisse der Studienreise von H. Janetschek und W. Steiner in die spanische Sierra Nevada 1954. XI. Homoptera, Aphidoidea (mit 12 Textabbildungen). S 9.70

Schubart Otto: Zoologisch-systematische Ergebnisse der Studienreise von H. Janetschek und W. Steiner in die spanische Sierra 1954. XII. Diplopoda (mit 9 Textabbildungen). S 16.50

Schuster Reinhart: Ökologisch-faunistische Untersuchungen an den bodenbewohnenden Kleinarthropoden (speziell Oribatiden) des Salzlachengebietes im Seewinkel (mit 6 Textabbildungen). S 45.40

Steiner Walter: Zoologisch-systematische Ergebnisse der Studienreise von H. Janetschek und W. Steiner in die spanische Sierra Nevada 1954. X. Springschwänze (Collembola) (mit 5 Textabbildungen). S 12.90

Wettstein-Westersheimb Otto: Die alpinen Erdmäuse. S 10.—

Kleine Sammlungen von Wassermilben (Hydrachnellae und Porohalacaridae) aus Österreich

Von Kurt O. Viets, Wilhelmshaven

Mit 9 Textabbildungen

(Vorgelegt in der Sitzung am 13. Oktober 1960)

Von verschiedenen Fundorten in Österreich und von verschiedenen Sammlern eingebracht liegt ein zahlenmäßig nur kleines Material von Wassermilben vor, das aus faunistischen und taxionomischen Gründen im folgenden zur Darstellung kommt.

5 Arten der Hydrachnellae sind dabei neu für Österreich, darunter subterran im Grundwasser lebende Formen, die hier noch nicht zur Untersuchung kamen. Von 2 Arten, die bisher nur in einem Geschlecht bekannt waren, werden erstmals die ♀♀ beschrieben. Den Sammlern, Herrn Dr. Starmühlner, Wien, und Herrn Dr. Husmann, Schlitz/Hessen, sei auch an dieser Stelle für die Überlassung des interessanten Materials gedankt.

I. Sammlung Starmühlner

Es handelt sich dabei um Fänge aus der Schwechat (Wienerwald) aus den Jahren 1957/58. Insgesamt liegen nur 93 Exemplare von Wassermilben aus 10 Fängen vor. Die Hydrachnellen, die bei Starmühlners Untersuchungen der Schwechat bis zum Jahre 1956 anfielen, wurden bereits behandelt (K. O. Viets, 1958a). Nach der dort genannten Fundortliste (l. c. p. 59—61) stammen die Tiere aus den Fängen Nr. 4, 8a und 8b. Die folgenden, bereits aus der Schwechat bekannten Arten wurden jetzt wiedergefunden:

Sperchon setiger Thor 1898.
Lebertia (Pilolebertia) porosa Thor 1900.
Torrenticola barsica (Szalay) 1933.

Hygrobates calliger Piersig 1896.
Hygrobates fluviatilis (Ström) 1768.

Noch nicht aus der Schwechat bekannte Arten sind:

1. *Sperchon hispidus* Koenike 1895. 1 ♂, 1 ♀ aus Fang 4 (Sign. S 7/IIIb vom 9. 8. 1957).
2. *Aturus scaber* Kramer 1875. 2 ♂♂, 9 ♀♀ aus Fang 4 (Sign. S 7/IIb vom 11. 1. 1958).
3. *Aturus intermedius* Protz 1900. 7 ♂♂, 13 ♀♀ aus 2 Fängen FO. Nr. 4 (Sign. S 7/Id vom 26. 9. 1957 und S 7/IIb vom 11. 1. 1958).

II. Sammlung K. O. Viets

Auf den Exkursionen anläßlich des XIV. Intern. S. I. L.-Kongresses wurden von mir eine Reihe von Hydrachnellen gesammelt (208 Individuen), die in den folgenden Fundlisten lediglich aufgezählt werden. Es handelt sich um bekannte, wenn auch zum Teil seltene Arten, für die eine erneute Beschreibung unnötig ist.

a) Seebach bei Lunz, 29. 8. 1959:
Partnunia angusta (Koenike) 1893.
Sperchon brevirostris Koenike 1895.
Sperchon glandulosus Koenike 1885.
Torrenticola elliptica Maglio 1909.
Atractides gibberipalpis Piersig 1898.
Atractides nodipalpis (Thor) 1898.

b) Lunzer Untersee, 29. 8. 1959:
Hygrobates longipalpis (Hermann) 1804.
Piona discrepans (Koenike) 1895.
Piona rotundoides (Thor) 1897.
Brachypoda versicolor (Müller) 1776.

c) Schwarza bei Kaiserbrunn, 28. 8. 1959:
Protzia eximia (Protz) 1896.
Sperchon brevirostris Koenike 1895.
Sperchon glandulosus Koenike 1885.
Sperchon clupeifer Piersig 1896.
Sperchon hispidus Koenike 1895.
Sperchon denticulatus Koenike 1895.
Lebertia (Lebertia) maglioi Thor 1907.
Lebertia (Pseudolebertia) zschokkei Koenike 1902.

Torrenticola elliptica Maglio 1909.
Hygrobates calliger Piersig 1896.
Atractides nodipalpis (Thor) 1899.
Axonopsis (Hexaxonopsis) rotundifrons Viets 1922.
Ljania bipapillata Thor 1898.
Aturus scaber Kramer 1875.

III. Sammlung HUSMANN

Es ist das Verdienst von Herrn Dr. HUSMANN, erstmals auch in Österreich und zwar in der Umgebung von Lunz subterran im Grundwasser lebende Wassermilben gefangen und der Untersuchung zugänglich gemacht zu haben. Das Ergebnis der 6 positiven Fänge ist das folgende:

a) Ufergrabung Ybbs, oberhalb Brücke bei Weißenburg, 30. 8. 1958:
Calonyx (?) *sp.*, 1 La.
Torrenticola elliptica Maglio 1909, 1 ♀.
Feltria setigera Koenike 1896, 1 ♂.
Feltria sp., 1 La.
Lethaxona pygmaea Viets 1932, 1 ♀.
Stygomomonia latipes Szalay 1943, 1 ♂.
Porohalacarus alpinus (Thor) 1910, 1 ♂, 1 Ny.
Soldanellonyx chappuisi Walter 1917, 1 ♂.

b) Ufergrabung Ybbs, unterhalb Brücke bei Weißenburg, 30. 8. 1958:
Feltria sp., 3 La, 1 Ny.
Hygrobates sp., 1 La.

c) Grabung im Bachbett eines nahezu trockenliegenden Zuflusses zum Obersee bei Lunz, 1. 9. 1958:
Sperchon mutilus Koenike 1895, 1 ♀.
Lebertia (Hexalebertia) stigmatifera (Thor) 1900, 1 ♂, 2 ♀, 1 Ny.
Hygrobates sp., 1 Ny.
Feltria minuta Koenike 1892, 1 ♀.

d) Ufergrabung am Seebach bei Lunz, 2. 9. 1958:
Lebertia (Hexalebertia) stigmatifera (Thor) 1900, 1 Ny.
Atractides loricatus Piersig 1898, 1 ♀.
Feltria cornuta longispina Motas & Angelier 1927, 4 ♀, 1 Ny.
Soldanellonyx chappuisi Walter 1917, 1 Ny.

e) Ufergrabung oberhalb Biolog. Station Lunz, etwa 15 m vor Brücke zur Sägerei, 4. 9. 1958:

Sperchon sp., 1 La.
Torrenticola sp., 1 Ny.
Hygrobates sp., 2 La.
Atractides sp., 1 Ny.
Feltria sp., 1 Ny.
Feltria phreaticola Schwoerbel 1959, 1 ♂.
Aturus intermedius Protz 1900, 1 ♂.
Soldanellonyx chappuisi Walter 1917, 1 Ny.

f) Schottergrabung Ybbs, 120 m oberhalb Brücke Langau, 9. 9. 1958:

Feltria phreaticola Schwoerbel 1959, 1 ♂, 1 ♀, 1 Ny.
Aturus sp., 1 ♀.

Von den genannten Arten sind neu für Österreich:

Atractides loricatus
Feltria cornuta longispina
Feltria phreaticola
Lethaxona pygmaea
Stygomomonia latipes.

Nur die 3 letztgenannten sind echte Subterran-Formen. Einige wenige Arten bedürfen einer besonderen Diagnose.

1. *Atractides loricatus* Piersig 1898.

Für das eine vorhandene ♀ werden lediglich die wichtigsten Maße mitgeteilt. Eine erneute Abbildung erübrigt sich. LUNDBLAD (1956, p. 206—208, fg. 111 A—E), LASKA (1956, p. 323—329, fg. 1—3), SCHWOERBEL (1957, p. 46—48, fg. 8—9) und LASKA (1960, p. 22—23, 31, fg. 3 B) haben die Art hinreichend gekennzeichnet.

♀ (Prp. 1940).

Körperlänge (einschl. 1. Epimeren)	675 μ
Körperbreite maximal	454 μ
Maxillarbucht, Länge : Breite	116 : 66 μ
1. Epimeren, Länge	224 μ
Abstand Maxillarbucht—Hinterende der 1. Epimeren	108 μ
Medialabstand der 4. Epimeren	78 μ
Länge der Genitalspalte (einschl. Stützkörper)	176 μ

Länge des vorderen Stützkörpers	102 μ
Länge einer Genitalplatte, je Platte 8—10 Haarporen	138 μ
Maximale Genitalnapf-Längen (beider Seiten)	
1.	55, 59 μ
2.	47, 48 μ
3.	35, 38 μ
Länge der Palpenglieder (dorsal)	
links	29·65·89·112·34 μ
rechts	29·66·87·111·33 μ
I. B. 5, Länge: maximale Breite	156:47 μ
Länge der Distalborsten, prox.	71 μ
Länge der Distalborsten, dist.	64 μ
I. B. 6, Länge	102 μ

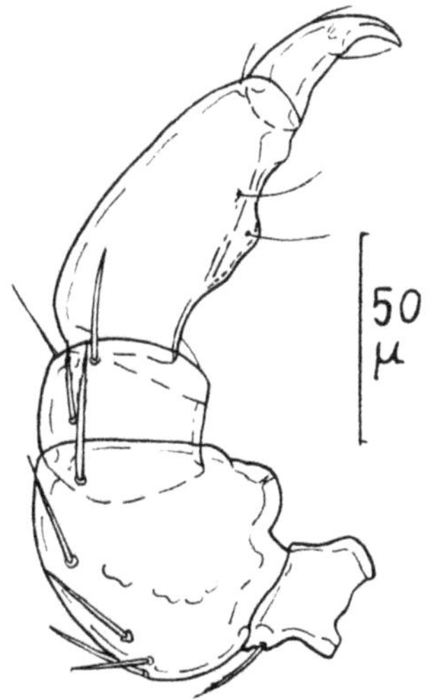

Abb. 1: *Feltria setigera* Koen. ♂. Palpe links.

2. *Feltria setigera* Koenike 1896 (Abb. 1).

♂ (Prp. 1928).

Ein ♂ der Art aus Österreich hat zuletzt Lundblad (1956, p. 243—244, fg. 136 A—K) bekannt gemacht. Mir liegt jetzt gleichfalls nur 1 ♂ vor, dessen ventrale Länge 338 μ bei einer Breite von 245 μ beträgt. Es ist in allen Merkmalen typisch und besitzt lang ausgezogene vordere Epimerenspitzen. Die Palpenglieder messen dorsal:

P I—V: 23·67·30·77·37 μ.

Das P II ist beugeseits noch stärker vorgebaucht, als die bisherigen Abbildungen zeigen (Abb. 1). Der Fortsatz am III. B. 6 entspricht etwa dem von LUNDBLAD (l. c. fg. 136 E) abgebildeten. Nur der Gliedrand direkt proximal des Fortsatzes ist etwas vorgewölbt, aber nicht in dem Maße wie bei LUNDBLADS fg. 136 C. Auf weitere Abbildungen kann verzichtet werden.

3. *Lethaxona pygmaea* Viets 1932.

Die Art wurde zuletzt von VIETS 1955 (p. 45—48) diskutiert. Eine erneute Beschreibung ist nicht notwendig. Bekannt ist die Art aus Jugoslawien, Frankreich, Deutschland, Schweiz; dazu kommt jetzt Österreich.

4. *Stygomomonia latipes* Szalay 1943.

Auch diese Art wurde von VIETS 1955 (p. 54—55) zusammenfassend behandelt. Sie ist bekannt aus Rumänien, Frankreich und Korsika, Deutschland, Schweiz, Jugoslawien und jetzt auch Österreich.

5. *Feltria phreaticola* Schwoerbel 1959.

Diese subterran lebende Art wurde erst 1959 (p. 325—326, Tf. 12, fg. 3) durch SCHWOERBEL in einer vorläufigen kurzen Beschreibung aus dem Schwarzwald bekannt gemacht. Mir liegen jetzt 2 ♂♂, 1 ♀ und eine Nymphe der Art vor, die ich mit dem Typus-Exemplar (♂) vergleichen konnte. Herrn Dr. SCHWOERBEL danke ich herzlich für die leihweise Überlassung seines Präparates. Bei beiden Geschlechtern und auch bei der Nymphe fällt sofort das besonders lange und schlanke P IV auf, das etwa 36—37 % der Gesamtlänge der Palpe (= Summe der dorsalen Längen der Einzelglieder) mißt.

♂ (Prp. 1947/1952) (Abb. 2—3).

Ventral gemessen ist das Tier einschließlich der 1. Epimeren 367 μ (380 μ) lang und 260 μ (245 μ) breit[1]. SCHWOERBELS Exemplar ist etwas kleiner. Das Rückenschild mißt 284 μ (304 μ) an Länge und besitzt eine größte Breite von 205 μ (221 μ).

Die Palpenglieder besitzen eine dorsale Länge (P V einschließlich Endklauen) von: P I—V: 18·59·30·81·35 μ. Die Tasthärchen am P IV inserieren ± auf gleicher Höhe etwa in der Mitte der distalen Gliedhälfte. SCHWOERBELS Abbildung der Palpe aus der ausführlichen Diagnose, die mir dankenswerter Weise vor ihrer

[1] Die Maße in ( ) beziehen sich auf das ♂ Prp. 1952.

Publikation bereits zum Vergleich zur Verfügung stand, zeigt nur eines der beiden Härchen.

Die letzten 3 Glieder des III. B. messen an Länge:

III. B. 4: 61 μ; III. B. 5: 88 μ; III. B. 6: 80 μ.

Sie entsprechen fast genau den Maßverhältnissen des Typus. Der Vorsprung am III. B. 6 — sexuelle Differenzierung —, für den

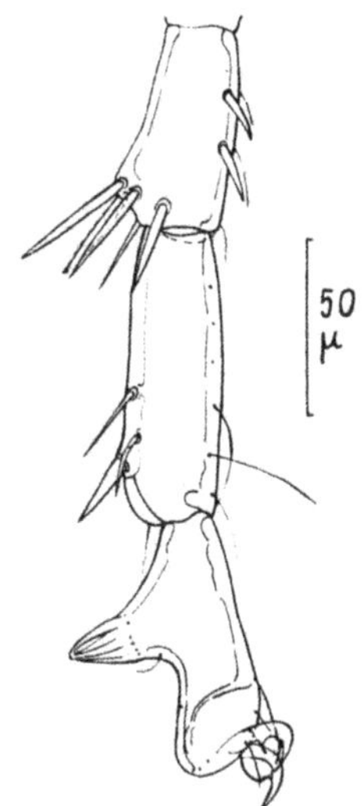

Abb. 2: *Feltria phreaticola* Schw. ♂. III. B. 4—6 links.

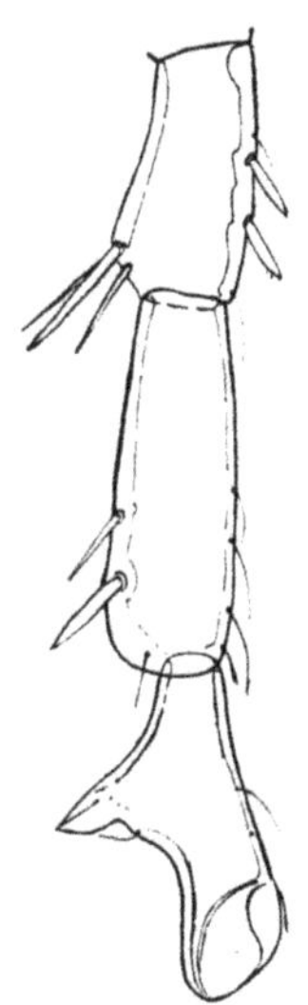

Abb. 3: *Feltria phreaticola* Schw. ♂. III. B. 4—6 rechts.

Schwoerbel 4 lange Chitinstifte angibt, variiert. Während eines der mir vorliegenden ♂ (Prp. 1952) bei beiden III. B. 6 je 4 Börstchen aufweist wie der Typus, besitzt das andere Exemplar (Prp. 1947) am III. B. 6 der einen Seite 5 solcher Börstchen, an dem der anderen Seite ist die Börstchenzahl reduziert (Abb. 2—3).

♀ (Prp. 1953) Allotypus (Abb. 4—6).

Das ♀ von *Feltria phreaticola* war bisher unbekannt und wird hier erstmals beschrieben. Die Artzugehörigkeit ergibt sich aus der völlig gleichgestalteten Palpe mit dem typischen langen P IV. Die ventrale Länge des Tieres einschließlich der 1. Epimeren beträgt 406 μ, die maximale Breite etwa 295 μ. Form und Anordnung der Epimeren, der postepimeralen Platten und Glandularia und der Genitalplatten (Abb. 4) ähneln im ganzen den Verhältnissen bei *Feltria oedipoda*. Die 1. Epimeren sind medial voneinander getrennt, sie laufen vorn zugespitzt aus. Der Hinterrand der 4. Epimeren ist quer zur ventralen Medianen gerichtet. Die Napfplatten sind groß, ihre größte Länge (diagonal gemessen) beträgt etwa 145 μ. Der vordere Genitalstützkörper ist kräftig ausgebildet und ± langgestreckt.

Die Dorsalseite (Abb. 5) besitzt am hinteren Seitenrand des großen Hauptschildes je 2 verschieden große Chitinplatten mit Haar und Drüsenporus. Das Hauptschild selbst ist 280 μ lang und 232 μ breit. Seine Seitenränder verlaufen etwa parallel. Der Vorderrand schließt gerundet ab, der Hinterrand ist etwas stärker vorgezogen. Im Vorderteil des Hauptschildes finden sich, der Medianen genähert, 2 Einzelhaare, daneben lateralwärts jederseits eine Drüsenpore mit Haar. Hinter der letzteren liegt etwa auf Höhe der Schildmitte je ein weiterer Drüsenporus mit Haar. Der Exkretionsporus liegt auf einer großen, gerundet-sechseckigen Platte medial hinter dem Hauptschild.

Die Palpe (Abb. 6) entspricht in Form und Besatz der des ♂. Die dorsalen Längen der einzelnen Glieder messen:

P I—V: 21·56·33·87·37 μ.

Die Haut zwischen den dorsalen und ventralen Platten ist liniiert. Die Länge des Maxillarorgans (Seitenlage) beträgt 105 μ.

Ny (Prp. 1953).

Die Rückenhaut des einen Exemplars, das zur Verfügung stand, wurde leider bei der Präparation zerstört, so daß über die Lage der Dorsalschilder keine Angaben gemacht werden können. Epimeren und Palpen entsprechen denen des ♀. Die einzelnen Glieder messen:

P I—V: 15·37·27·59·30 μ.

Fundort: Ufergrabung oberhalb Biolog. Station Lunz, 4. 9. 1958; (1 ♂), Husmann leg.

Schottergrabung Ybbs, 120 m oberhalb Brücke Langau, 9. 9. 1958 (1 ♂, 1 ♀, 1 Ny), Husmann leg.

6. *Feltria cornuta* Walter 1927 und ihre Subspecies.

Neben der Stammart *F. cornuta* wurden bislang folgenae Unterarten beschrieben:

F. cornuta longispina Motas u. Angelier 1927
F. cornuta paucipora Szalay 1946

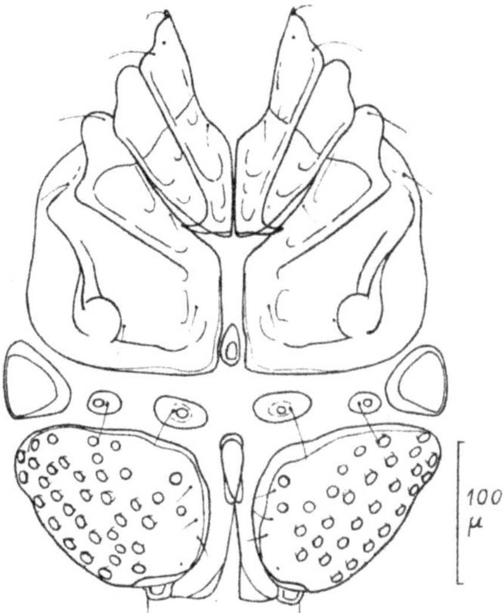

Abb. 4: ***Feltria phreaticola*** Schw. ♀. Ventralseite.

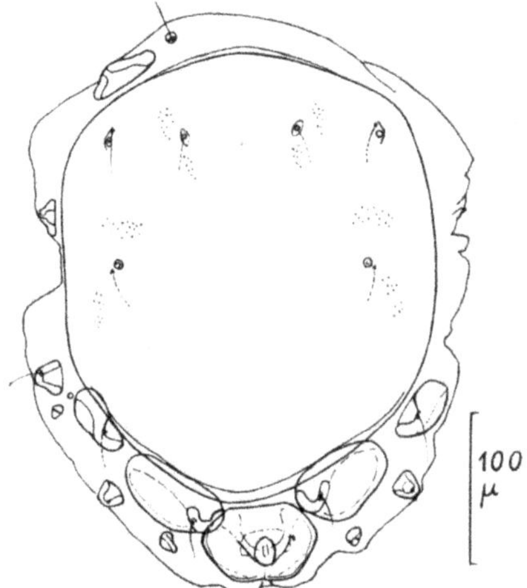

Abb. 5: ***Feltria phreaticola*** Schw. ♀. Dorsalseite.

F. cornuta paucipora Motas u. Tanasachi 1947
F. cornuta japonica Imamura 1954.

Sämtliche Formen wurden nach ♂ Individuen aufgestellt. Bei der Stammart *cornuta* ist der charakteristische hornartige Ventralzapfen am P IV groß, seine Spitze ist deutlich gekrümmt und nach vorn gerichtet. Dasselbe gilt für *paucipora* Szal. und Mot. u. Tan.

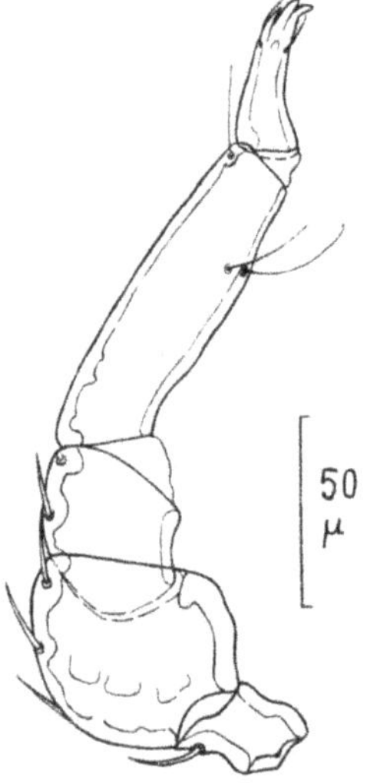

Abb. 6: *Feltria phreaticola* Schw. ♀. Palpe links.

und für *japonica* Ima. Bei *longispina* ist die Krümmung dieses hornartigen Zapfens weniger deutlich. Das Genitalorgan variiert in Größe, Gestalt und Napfzahl und ist bei allen Formen etwas verschieden. Es erscheint mir sehr fraglich, ob lediglich eine geringere Napfzahl zur Aufstellung einer Subspecies berechtigt. Das einzige große Rückenschild der ♂♂ ist bei allen ssp. gleichfalls ähnlich, wenn auch die Gestalt im einzelnen etwas verschieden ist. Für das ♂ von *cornuta* wurde es bisher nicht abgebildet. Die Postokularhaare — Einzelhaare — ohne Glandularia — liegen hier vom Vorderende des Schildes abgesetzt etwa auf Höhe der vorderen seitlichen Glandularia. Dasselbe ist nach der Abbildung von MOT u.. TAN. auch bei deren *paucipora* der Fall, während SZALAYS *paucipora*-Individuum diese Haarporen weit vorn in der Nähe des Schildvorderrandes zeigt. In diesem Merkmal nehmen *longispina* und *japonica* etwa eine Mittelstellung ein. Bei ihnen liegen die Einzelhaare etwas vor den benachbarten Glandularia. Weitere Differenzen, die diagnostisch verwertet wurden, liegen in der Gestalt des III. B. 5 und der Form des Vorsprungs am III. B. 6. Eine distale Gliedverlängerung am III. B. 5 in Form einer Gelenkscheide ist bei der Stammart *cornuta* nur sehr gering ausgebildet, sie hat hier einen ± rundlichen Umriß. Dasselbe trifft für *japonica* zu und, soweit die mitgeteilten Abbildungen eine Kritik zulassen, auch für *paucipora* Szal. Das von Mot. u. Tan. abgebildete ♂ von *paucipora* besitzt eine wesentlich kräftigere Gelenkscheide am III. B. 5, die auch deutlicher zugespitzt ist. Bei *longispina* ist diese Gliedverlängerung sehr groß und dreieckig spitz zulaufend. Der für *Feltria*-♂♂ charakteristische Fortsatz am III. B. 6 ist bei allen ssp. in etwa ähnlich, breitbasig und hyalin. Zumeist sitzt er etwa in Gliedmitte. Seine Form variiert. Am stärksten abweichend erscheint er bei *paucipora* Szal., wo er weiter distalwärts am Gliedrand befestigt ist als bei den anderen Subspecies. Ich habe bereits früher (K. O. Viets, 1956, p. 113—114) die verschiedenen Unterarten von *F. cornuta* kurz diskutiert. Variabilitätsuntersuchungen sind bisher nicht möglich gewesen, da nur Einzelexemplare gefunden und beschrieben wurden. So bleibt zunächst unklar, 1. wie *japonica* zu den europäischen Formen steht, 2. ob *paucipora* Szal. identisch ist mit *paucipora* Mot. u. Tan. und 3. ob nicht die ssp. in die Variationsbreite der Stammart fallen. Die meisten Differenzen liegen m. E. noch bei *longispina* vor.

Es fragt sich nun, was über die ♀♀ der Formen bekannt ist, die bei den *Feltria*-Arten gewöhnlich weniger differenzierende Merkmale aufweisen als die ♂♂. Von *japonica* ist nur das ♂ bekannt, ebenso von *paucipora* Szal.. Mot. u. Tan. haben beide Geschlechter der von ihnen zu *paucipora* gestellten Formen beschrieben. Ein Vergleich dieses ♀ von *paucipora* mit dem von *cornuta*, wie es von Viets (1936, p. 373—375, Tf. 7, fg. 29, 30; Tf. 8. 33) aus Jugoslawien beschrieben wurde, und dem von Lundblad (1956, p. 236—238, Tf. 59, fg. 293) aus der Schweiz ergibt beträchtliche Ähnlichkeiten bei beiden Formen. Sehr ähnlich ist die Gestalt des Ventralzapfens am P IV, dazu auch die Form des Genitalorgans und die Beschilderung der Dorsalseite. Das ♀ von *longispina* war bisher unbekannt. Schwoerbel vermerkt allerdings (1958, p. 142), daß er 1 ♀ zusammen mit einem ♂ im Schwarzwald gefangen habe. Beschreibung und Abbildung fehlen aber. Da ich selbst nur 1 ♂ aus dem Schwarzwald besitze, habe ich es sehr begrüßt, daß mir Herr Dr. Schwoerbel von dort 2 weitere ♂♂ und 12 ♀♀ aus einem neuen Fang im März 1960 für die Präparation zur Verfügung stellte. Ich bin ihm dafür zu Dank verpflichtet.

Das Auffinden von ♀♀ mit anders geformten Zapfen am P IV im Material aus Österreich gab Anlaß zu dieser Untersuchung. Da hier keine ♂♂ erbeutet wurden, war die artliche Einordnung nur durch den Vergleich mit den Schwarzwaldformen möglich. Die ♀♀ erwiesen sich als zugehörig zur ssp. *longispina*.

Feltria cornuta longispina Motas u. Angelier 1927.
♂ (Prp. 1222, 1956).

Das eine ♂ (Prp. 1922) wurde von mir am 2. 10. 1951 in einer Quelle am Feldsee gefangen, die beiden anderen ♂♂ entstammen einer Quelle im Haslachtal (SCHWOERBEL leg. März 1960). Das ältere Individuum wurde bereits beschrieben (K. O. VIETS 1956, p. 113—114, fg. 3—6). Es entspricht in seinen Maßen recht gut dem Typus (MOTAS u. ANGELIER 1927, p. 9—10, fg. 5—6; MOTAS 1928, p. 195—197, fg. 169—171). BADERS ♂ aus dem Ochrida-See (1955, p. 82—84, fg. 12a—c) ist etwas größer. SCHWOERBEL hat von einem anderen ♂ aus derselben Quelle im Haslachtal die Palpe abgebildet (Mikrophoto, 1958, Tf. 8, fg. 1). Die jetzt untersuchten ♂♂ sind etwas kleiner. Die Größenunterschiede dürften durch den verschiedenen Reifezustand zu erklären sein, wie das auch von BADER für sein Exemplar vermutet wird. Die folgende Tabelle gibt eine Übersicht über die Maße der jetzt untersuchten im Vergleich mit den bisher veröffentlichten ♂♂.

	MOT. u. ANG. 1927	MOTAS 1928	BADER 1955	K. O. VIETS 1956 Prp. 1222	1. ♂ Prp. 1956	2. ♂ Prp. 1956
	μ	μ	μ	μ	μ	μ
Ventrale Länge (einschl. 1. Epimeren)	320	320	360	333	271	274
Ventrale Breite	234	234	305	240	211	195
Rückenschild Länge	—	260	350	270	210	221
Rückenschild Breite	—	192	265	186	149	158
Palpenglieder Länge						
P I	16	18	21	18[1]	17	15
P II	55	44(?)	57	50	47	47
P III	24	28	34	26	22	21
P IV	57	60	73	59	54	51
P V	39	41	39	37	35	35
Genitalorgan, Gesamtbreite	—	—	210	167	139	132

[1] Meßfehler 1956: 15 μ ist in 18 μ zu berichtigen.

♀ (Prp. 1942) Allotypus (Abb. 7—9).

Insgesamt liegen mir jetzt 4 ♀♀ der Art aus Österreich (Prp. 1942, 1943, 1944, HUSMANN leg.) und 12 ♀♀ aus dem Schwarzwald (Prp. 1957—1960) vor, die von SCHWOERBEL gefangen wurden. Auch bei den ♀♀ sind die im März 1960 im Schwarzwald gefangenen Individuen kleiner als die im September 1959 eingebrachten Tiere aus Österreich. Morphologische Unterschiede bestehen sonst nicht.

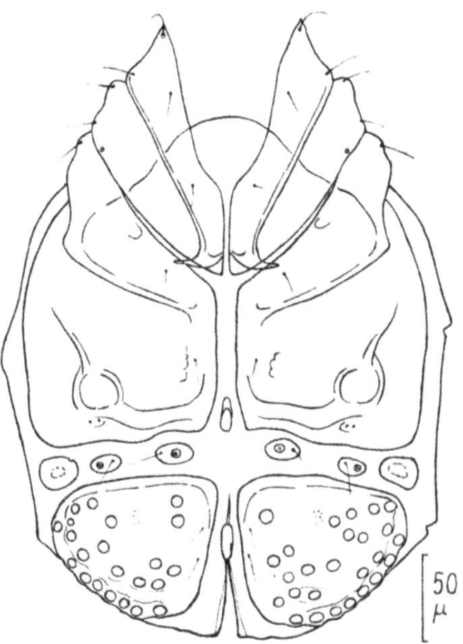

Abb. 7: *Feltria cornuta longispina* Mot. u. Ang. ♀. Ventralseite.

Das als Allotypus beschriebene ♀ (Prp. 1942) ist ventral (Abb. 7) einschließlich der Spitzen der 1. Epimeren 333 μ lang und quer über die 4. Epimeren gemessen 220 μ breit. Das Hauptrückenschild mißt 235 μ an Länge und ist maximal 176 μ breit. Die dorsalen Längen der Palpenglieder — P V einschließlich Endklauen — messen:

P I—V: 19·49·23·58·39 μ.

Der hornartige Zapfen an der Beugeseite des P IV (Abb. 9) besitzt eine andere Form als der bei der Stammart. Die Genitalnäpfe variieren in ihrer Zahl jederseits der Genitalspalte, d. h. je Platte. Bei unserem Exemplar sind es 21 und 26 Näpfe. Bei den österreichischen ♀♀ ist die geringste Napfzahl je Genitalplatte 18, die höchste 27 Näpfe. Im Gegensatz zu *F. cornuta* und *F. paucipora* liegt der Genitalstützkörper nicht am Vorderende der Genitalspalte, sondern weiter rückwärts zwischen den Genitalplatten (Abb. 7).

Ein wesentlicher Unterschied zwischen den ♀♀ der ssp. *longispina* und denen der Stammart *cornuta* und der ssp. *paucipora* liegt in der Beschilderung der Dorsalseite (Abb. 8). Die vorderen

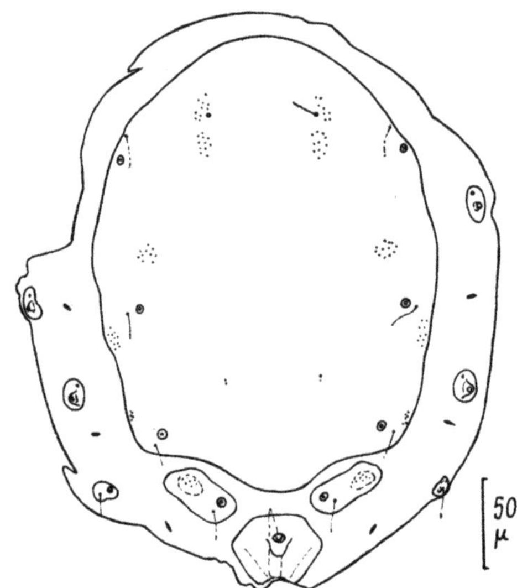

Abb. 8: *Feltria cornuta longispina* Mot. u. Ang. ♀. Dorsalseite.

seitlichen Glandularia liegen bei *longispina* im Hauptschild selbst und nicht auf frei daneben liegenden Platten, wie bei *cornuta* und *paucipora*. Am Hinterrand des Hauptschildes liegen 2 Glandularia rechts und links der Mitte frei auf besonderen Platten. Dasselbe gilt für die beiden Vergleichsarten. Während bei diesen aber jederseits davor ein kleines Glandulare frei liegt, ist dieses kleine Glandulare bei *longispina* in das Hauptschild einbezogen und findet sich mit der dazugehörigen Haarpore in den seitlichen Hinterecken des großen Schildes. Die für die beiden Vergleichsarten angegebenen 2 Panzerplatten am hinteren Seitenrand jeder Seite fehlen, die hier inserierenden Muskeln sind am Hauptschild befestigt. Ausnahmen von dieser Anordnung wurden bei keinem der vorliegenden ♀♀ beobachtet. Der Exkretionsporus befindet sich auf einer gerundet sechseckigen Platte dorsal am Hinterende des Körpers.

Zur Kennzeichnung der Variabilität der ♀♀ von *F. cornuta longispina* dient die folgende Tabelle. Darin sind die Maße der 4 ♀♀ aus Österreich getrennt von denen der 12 ♀♀ aus dem Schwarzwald aufgeführt. Nur die beobachtete Variationsbreite (VB) wird vermerkt. Auf die Berechnung von Mittelwerten (M) der absoluten Maße wird bei der geringen Individuenzahl verzichtet. Sie werden nur bei den relativen Maßen angegeben.

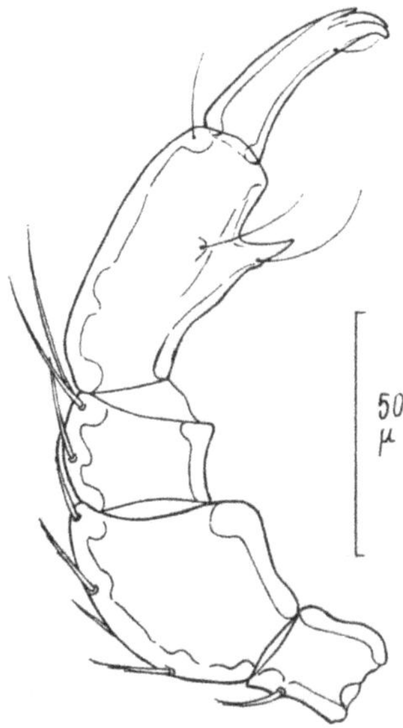

Abb. 9: *Feltria cornuta longispina* Mot. u. Ang. ♀. Palpe links.

	Österreich ♀♀	Schwarzwald ♀♀
	μ	μ
Ventrale Länge	333—387	290—326
Ventrale Breite	220—265	208—248
Hauptschild, Länge	235—262	210—241
Hauptschild, Breite	176—196	152—185
Palpenglieder, Länge P I	18—19	15—17
Palpenglieder, Länge P II	47—51	44—48
Palpenglieder, Länge P III	23—25	21—24
Palpenglieder, Länge P IV	56—59	51—55
Palpenglieder, Länge P V	38—40	35—38
Zahl der Genitalnäpfe jederseits	18—27	9—16

Für alle 16 ♀♀ wurde das Längenverhältnis der Palpenglieder in % der Gesamtlänge der Palpe (= Summe der dorsalen Längen der Einzelglieder) errechnet. Dabei ergibt sich eine gute Übereinstimmung der Werte entsprechend der folgenden Übersicht:

	VB. %	M. %
P I	8,7—10,1	9,4
P II	25,0—27,5	26,2
P III	12,2—13,6	12,7
P IV	29,5—30,9	30,4
P V	20,6—21,6	21,1

Fundort: Ufergrabung am Seebach bei Lunz, 2. 9. 1958 (4 ♀♀) HUSMANN leg.

Literatur

BADER, C., 1955: Hydracarinen-Diagnosen aus dem Nachlaß von Dr. C. Walter. — Verh. naturf. Ges. Basel, *66*, 1, S. 61—84.

LASKA, F., 1956: Über zwei Atractides-Arten (Hydrachnellae) aus kaltstenothermen Bächen und Quellen der Hohen Tatra und des Gesenkes. — Mitt. Zool. Mus. Berlin, *32*, 2, S. 323—335.

— 1960: Über einige seltene Atractides-Arten (Hydrachnellae, Acari) aus der Tschechoslowakei (tschechisch). — Acta Soc. Zool. Bohemoslovenicae *24*, 1, S. 19—33.

LUNDBLAD, O., 1956: Zur Kenntnis süd- und mitteleuropäischer Hydrachnellen. — Arkiv f. Zoologi, *10*, 1, S. 1—306.

MOTAS, C. u. ANGELIER, C., 1927: Hydracariens recueillis dans le Massif Central. — Trav. Labor. Hydrobiol. Piscicult. Univ. Grenoble. *19*, S. 121—137.

MOTAS, C., 1928: Contribution à la connaissance des Hydracariens français particulièrement du Sud-Est de la France. — Trav. Labor. Hydrobiol. Piscicult. Univ. Grenoble, *20*, 373 S.

MOTAS, C., TANASACHI, J. u. ORGHIDAN, T., 1947: Hydracariens phréaticoles de Roumanie. — Notat. biolog., Bucarest, *5*, 1—3, 67 S.

SCHWOERBEL, J., 1957: Zur Kenntnis der Wassermilbenfauna des südlichen Schwarzwaldes (Hydrachnellae, Acari). 3. Beitrag. — Mitt. Bad. Landesver. Naturkunde u. Naturschutz, N. F. *7*, 1, S. 41—52.

— 1958: Dasselbe, 4. Beitrag. — ibid. N. F. *7*, 2, S. 133—144.

— 1959: Dasselbe, 5. Beitrag. — ibid. N. F. *7*, 5, S. 323—330.

SZALAY, L., 1946: Two new forms of the genus *Feltria* Koen. (Hydrachnellae) from subterranean waters of the Carpathians basin. — Fragm. faun. Hungar. *9*, 3—4, S. 35—39.

VIETS, K., 1936: Hydracarinen aus Jugoslawien. (Systematische, ökologische, faunistische und tiergeographische Untersuchungen über die Hydrachnellae und Halacaridae des Süßwassers.) — Arch. Hydrobiol. *29,* S. 351—409.

— 1955: In subterranen Gewässern Deutschlands lebende Wassermilben (Hydrachnellae, Porohalacaridae, Stygothrombiidae). — Arch. Hydrobiol. *50,* 1, S. 33—63.

VIETS, K. O., 1956: Wassermilben aus dem Schwarzwald (Hydrachnellae und Porohalacaridae). — Arch. Hydrobiol. Suppl. Falkau-Schr. *24,* III, 1, S. 98—122.

— 1958a: Wassermilben aus der Schwechat (Wienerwald). — Sitz.-Ber. Österr. Akad. Wiss. Math.-naturw. Kl., Abt. 1, *167,* 1/2, S. 59—81.

— 1958b: Acari: Porohalacaridae und Hydrachnellae, Wassermilben. — Catalogus Faunae Austriae. — Teil IXh. S. 1—20.

Die in den Sitzungsberichten Abtlg. I und Abtlg. IIa der math.-nat. Klasse der Österr. Ak. d. Wiss. erscheinenden Abhandlungen werden auch einzeln abgegeben. Sie können durch jede Buchhandlung oder direkt durch die Auslieferungsstelle der Österreichischen Akademie der Wissenschaften (Wien I, Singerstraße 12) bezogen werden.

Nachfolgende Abhandlungen aus dem Fache **Botanik** (Biologie) sind erschienen:

1954 (S I Bd. 163):

Schiller J.: Über Cyanophyceen aus kleinen künstlichen Wasserbecken und aus dem Ruster Kanal des Neusiedler Sees (mit 17 Textabbildungen [49 Einzelbilder]), 31 Seiten. S 23.40

1955 (S I Bd. 164):

Hölzl J.: Über Streuung der Transpirationswerte bei verschiedenen Blättern einer Pflanze und bei artgleichen Pflanzen eines Bestandes (mit 8 Textabbildungen). S 40.—

Huber Elfriede: Vitalfärbungsversuche an Hochmooralgen mit leeren und vollen Zellsäften (mit 13 Abbildungen auf 3 Tafeln). S 36.40

Kiermayer O.: Über die Reduktion basischer Vitalfarbstoffe in pflanzlichen Vakuolen (mit 4 Tafeln und 1 Farbtafel). S 25.20

Loub W.: Algenbiozönosen des Neusiedler Sees (mit 9 Textabbildungen). S 22.—

Url W.: Resistenz von Desmidiaceen gegen Schwermetallsalze (mit 8 Abbildungen auf 2 Tafeln). S 23.—

Ziegler Annemarie: Die blau fluoreszierenden Idioblasten der Scrophulariaceen: Morphologie, Mikrochemie und Vitalfärbbarkeit (mit 19 Abbildungen im Text und auf 3 Tafeln). S 46.90

1956 (S I Bd. 165):

Abel W. O.: Die Austrocknungsresistenz der Laubmoose (mit 14 Abbildungen im Text und auf 5 Tafeln). S 73.30

Fetzmann Elsa Leonore: Beitrag zur Algensoziologie (mit 3 Textabbildungen, 4 Tafeln und 1 Beilage). S 73.60

Lenk Ingeborg: Vergleichende Permeabilitätsstudien an Süßwasseralgen (Zygnemataceen und einige Chlorophyceen) (mit 7 Textabbildungen). S 83.60

Sperlich A.: Die Fortpflanzungstüchtigkeit (Phyletische Potenz) des Fremdbefruchters. Nach Versuchen mit drei Formen des Alectorolohus hirsutus (Lam.) Alb. S 58.90

1957 (S I Bd. 166):

Politis J.: Über die „Tanninoplasten" oder Gerbstoffbildner der Crassulaceae (mit 2 Textabbildungen und 1 Tafel). S 6.—

Politis J.: Über einen neuen Pflanzenfarbstoff in den Blüten einiger Verbascum-Arten (mit 2 Tafeln). S 5.20

Übeleis Ilse: Osmotischer Wert, Zucker- und Harnstoffpermeabilität einiger Diatomeen (mit 1 Textabbildung). S 30.40

1958 (S I Bd. 167):

Höfler Karl: Permeabilitätsstudien an Parenchymzellen der Blattrippe von Blechnum spicant (mit 5 Textabbildungen). S 45.—

Rechinger K. H., Dulfer H. und Patzak A.: Širjaevii fragmenta astragalogica IV. S 38.10

Url Walter: Zur Wirkung der Atmungsgifte Natriumazid und Dinitrophenol auf die Permeabilität von Blechnum spicant-Zellen (mit 3 Textabbildungen). S 25.—

Wawrik Friederike: Hochgebirgs-Kleingewässer im Arlberggebiet III (mit 3 Textabbildungen und 1 Tafel). S 18.90

1959 (S I Bd. 168):

Biebl Richard: Röntgenstrahlenwirkungen auf Commelinaceenstecklinge (Total-und Partialbestrahlungen) (mit 9 Tabellen und 5 Textabbildungen). S 31.20

Höfler Karl: Über die Gollinger Kalkmoosvereine (mit 1 Textabbildung und 1 Tafel). S 34.50

Höfler Karl und Fetzmann Elsa Leonore: Algen-Kleingesellschaften des Salzlackengebietes am Neusiedler See I (mit 1 Tafel). S 21.50

Hustedt Friedrich: Die Diatomeenflora des Salzlackengebietes im österreichischen Burgenland (mit 31 Textabbildungen und 1 Tafel). S 53.90

Luhan Maria: Zur Wurzelanatomie unserer Alpenpflanzen. IV. Compositae (mit 9 Textabbildungen und 4 Tafeln). S 36.90

Pfoser Karl: Vergleichende Versuche über Verholzungsreakionen und Fluoreszenz (mit 2 Textabbildungen und 2 Tafeln). S 18.70

Rechinger K. H., Dulfer H. und Patzak A.: Širjaevii fragmenta astragalogica. S 29.40

Wendelberger Gustav: Die Vegetation des Neusiedler See-Gebietes. S 7.20

www.ingramcontent.com/pod-product-compliance
Ingram Content Group UK Ltd.
Pitfield, Milton Keynes, MK11 3LW, UK
UKHW021927190726
13853UKWH00002B/896